# PROGRAMME

# D'UN CONCOURS

POUR

## LE PERCEMENT DE PUITS FORÉS

SUIVANT LA MÉTHODE ARTÉSIENNE.

SOCIÉTÉ ROYALE ET CENTRALE
D'AGRICULTURE.

# PROGRAMME
# D'UN CONCOURS

POUR

## LE PERCEMENT DE PUITS FORES

SUIVANT LA MÉTHODE ARTÉSIENNE,

A L'EFFET D'OBTENIR DES EAUX JAILLISSANTES APPLICABLES
AUX BESOINS DE L'AGRICULTURE ,

SUIVI

## DE CONSIDÉRATIONS GÉOLOGIQUES
## ET PHYSIQUES

SUR LE GISEMENT DE CES EAUX ,

ET

## DE RECHERCHES SUR LES PUITS FORÉS EN FRANCE,

PAR M. LE Vᵀᴱ. HÉRICART DE THURY,

Conseiller d'État., Membre de l'Académie des Sciences, etc.,

PUBLIÉES PAR ORDRE DE LA SOCIÉTÉ.

**PARIS,**
IMPRIMERIE DE Mᵐᵉ. HUZARD (ɴᴇᴇ VALLAT LA CHAPELLE),
IMPRIMEUR DE LA SOCIÉTÉ , RUE DE L'ÉPERON, ɴº. 7.

1828.

# PROGRAMME

*D'un Concours pour le percement de puits forés suivant la méthode arté-sienne , à l'effet d'obtenir des eaux jaillissantes applicables aux besoins de l'Agriculture.*

Il y a plus d'un siècle et demi (en 1671) que le célèbre *Dominique Cassini*, qui fut appelé d'Italie en France par *Louis XIV*, et bientôt après élu membre de l'Académie royale des Sciences, fit connaître les fontaines artésiennes de Modène.

*Bélidor* écrivait, en 1729, qu'il avait vu, au monastère de Saint-André, à une demi-lieue d'Aire, en Artois, un puits foré qui donnait plus de vingt mètres cubes d'eau par heure, à la hauteur de quatre mètres au-dessus du rez-de-chaussée ( *Science de l'ingénieur*, liv. 4, chap. 12 ).

Les progrès dans les arts se développent comme les inventions : les premiers pas sont rapides; mais bientôt l'exécution présente des difficultés qui en retardent ou suspendent le cours.

L'art du *fontenier-sondeur* est pratiqué, depuis un siècle au moins, dans les anciennes provinces du nord de la France, et c'est seulement dans ces dernières années que, par les efforts combinés de nos ingénieurs les plus expérimentés et des mécaniciens les plus habiles, la pratique de cet art a pu s'étendre à quelques autres départemens.

L'Ecole de métallurgie, fondée sous le règne de *Louis XVI;* la création, en 1794, d'un corps des Ingénieurs des mines, ont donné à la géologie et à la minéralogie une direction scientifique qui jette le plus grand jour sur les procédés des arts dépendant de ces deux sciences. C'est principalement aux recherches de ce corps savant, à MM. *Héricart de Thury, Garnier, Baillet,* etc.; aux publications qu'ils ont faites sur le sondage et sur le percement des puits forés; aux travaux d'une grande Société, formée, sous les auspices du Ministère de l'intérieur, pour l'encouragement des arts, que nous devons l'introduction du sondage dans les départemens de la Somme, des Ardennes, de la Moselle, de Seine-et-Marne et de la Seine.

La Société royale et centrale d'Agriculture

est informée que, dans plusieurs parties de la France, des cotisations ont été faites pour creuser, à frais communs, des puits forés; que la Direction générale des mines a recommandé à MM. les Ingénieurs de seconder de tous leurs moyens les essais de ce genre; qu'elle a chargé l'un d'eux de rédiger une instruction, qui s'étendra à tous les genres de terrains dont se compose le sol de la France. Elle ne doit pas laisser ignorer que, dans les localités les plus favorables au percement des puits forés, à Béthune par exemple, un trou de sonde de trente-trois mètres de profondeur est tombé sur une source dont les eaux se sont élevées à la surface du sol, et qu'un second sondage, voisin du premier, poussé jusqu'à soixante mètres, n'a point rencontré de banc aquifère. Sans remonter aux causes premières de l'existence des eaux souterraines et de la discontinuité des réservoirs qui renferment ces eaux; sans examiner les forces qui font jaillir ces eaux à la surface du sol, la Société a pensé que le succès qui a couronné plusieurs tentatives, faites récemment dans les départemens de la Seine, de Seine-et-Oise et de Seine-et-Marne, était un motif suffisant pour provoquer, par un concours général, de nouvelles recherches.

En conséquence, la Société royale et centrale d'Agriculture distribuera, dans sa séance
publique de 1830, trois prix : le premier, de
trois mille francs ; le second, de deux mille
francs ; le troisième, de mille francs, aux propriétaires, cultivateurs, ingénieurs ou mécaniciens qui auront percé un ou plusieurs puits
forés, dont l'eau s'élèvera à la surface du sol.

Les concurrens feront connaître par un procès-verbal,

1°. Le site et la profondeur des puits forés ;

2°. Le volume d'eau que ces puits donnent
en vingt-quatre heures ;

3°. La température de l'eau dans l'intérieur
des puits.

Ils joindront à ce procès-verbal des échantillons de terres ou pierres, pris dans les
diverses couches de terrain traversées par la
sonde, avec la note des épaisseurs de ces couches, et les mémoires de toutes les dépenses de
sondage.

Les concurrens seront tenus de faire consta-
ter par les autorités locales, MM. les Ingénieurs des mines ou des ponts et chaussées, et
les membres des Sociétés savantes, s'il en existe
dans le département, les faits énoncés dans les
procès-verbaux qu'ils enverront au concours.

La Société, d'après le rapport qui lui sera fait par la Commission chargée de l'examen du concours, accordera les prix aux travaux de sondage qu'elle jugera les plus utiles à l'agriculture, et les plus dignes, sous tous les rapports, d'obtenir la récompense proposée.

## Observations.

Pour donner aux concurrens tous les moyens et renseignemens qu'ils pourraient désirer sur les percemens des puits forés, la Société royale et centrale d'Agriculture á décidé qu'à la suite du présent programme, elle publierait les recherches qui lui ont été présentées par M. le vicomte *Héricart de Thury* sur le gisement des eaux dans le sein de la terre, relativement aux fontaines jaillissantes des puits forés, ses observations sur la cause de leur jaillissement, et ses recherches sur les fontaines des puits forés en France ; enfin l'indication des personnes et des ouvrages à consulter sur la construction de la sonde, la manière de s'en servir, et les sondeurs auxquels on peut s'adresser pour le percement des puits forés.

# CONSIDÉRATIONS

## GÉOLOGIQUES ET PHYSIQUES

SUR

## LE GISEMENT DES EAUX SOUTERRAINES,

RELATIVEMENT

## AU JAILLISSEMENT DES FONTAINES ARTÉSIENNES,

ET

# RECHERCHES

## SUR LES PUITS FORÉS EN FRANCE,

A L'AIDE DE LA SONDE;

PAR M. LE V<sup>TE</sup>. HÉRICART DE THURY,

Conseiller d'État, Membre de l'Académie des Sciences, Ingénieur
en chef des Mines de France, Président de la Société royale et
centrale d'Agriculture.

———

IMPRIMÉ

PAR ORDRE DE LA SOCIÉTÉ ROYALE ET CENTRALE D'AGRICULTURE.

———

1828.

# CONSIDÉRATIONS

## GÉOLOGIQUES ET PHYSIQUES

SUR

## LE GISEMENT DES EAUX SOUTERRAINES,

RELATIVEMENT

### AU JAILLISSEMENT DES FONTAINES ARTÉSIENNES,

ET

# RECHERCHES

## SUR LES PUITS FORÉS EN FRANCE,

### A L'AIDE DE LA SONDE.

---

La Société royale et centrale d'Agriculture m'ayant demandé de joindre au Programme du concours des puits forés une instruction, pour faciliter aux concurrens l'étude du forage des puits suivant la méthode artésienne, et les moyens d'obtenir, par ces puits, des eaux applicables aux besoins de l'agriculture, j'avais d'abord pensé devoir me borner à donner un extrait de l'*Art du fontenier-sondeur*, de M. *Gar-*

*nier*, ingénieur en chef au Corps des mines, ouvrage couronné par la Société d'encouragement,
et le plus complet que nous ayons sur cette importante matière; mais après les recherches auxquelles je me suis livré, j'ai cru pouvoir encore
exposer, après M. *Garnier*, quelques idées nouvelles sur l'origine des sources, sur leur épanchement dans les diverses espèces de terrain,
sur leurs différens modes de sortie de terre, et
pouvoir parvenir enfin à démontrer qu'on peut
obtenir des eaux jaillissantes par les puits forés
dans tout autre terrain que dans ceux de craie.
Ce n'est point cependant une théorie des eaux
souterraines que je présente, je n'ai point cette
prétention : c'est le simple résultat des recherches que j'ai faites pour répondre aux demandes
de la Société : heureux si je suis parvenu à avoir
son assentiment! Je terminerai mes considérations par quelques observations sur la cause du
jaillissement des eaux des puits forés, et par un
état de ceux sur lesquels j'ai pu recueillir quelques renseignemens.

## PARAGRAPHE PREMIER.

*Considérations géologiques et physiques sur le gisement des eaux souterraines, relativement aux fontaines jaillissantes des puits forés artésiens.*

§ 1. De toutes parts, l'eau s'élève dans l'atmosphère par l'évaporation.

§ 2. Une partie des brouillards, des rosées, des neiges et des pluies, tombe sur les montagnes, qui paraissent agir par affinité sur les nuages et les fixer autour d'elles.

§ 3. Ainsi arrêtées et groupées autour des montagnes, les eaux s'infiltrent entre leurs différentes superpositions. Elles en suivent les pentes ou inclinaisons, jusqu'à ce qu'elles rencontrent des couches imperméables qui les retiennent, sur lesquelles elles s'écoulent souterrainement, et d'où elles s'épanchent ou jaillissent par-tout où ces couches présentent quelques issues, par-tout où sur les flancs des montagnes et des collines ces couches se montrent à découvert par des arrachemens.

§ 4. Cependant il existe des sources sur des plateaux et même sur des monticules plus éle-

vés que tous les lieux qui les entourent immédiatement : par exemple, les sources perpétuelles
du mont Cimone, près de Modène, sont plus
élevées que tout le pays qui les environne.

§ 5. Dans les terrains primordiaux ou montagnes primitives, les infiltrations souterraines
sont très-rares, cependant l'on y trouve fréquemment des sources, mais généralement peu abondantes ; néanmoins les percemens qui y ont été
faits prouvent que les eaux s'y infiltrent, comme
dans les montagnes secondaires et de transition, soit entre les superpositions des différentes roches qui les constituent, soit par les
filons et les fentes dont ces montagnes sont
souvent coupées dans tous les sens, et même
jusqu'à de très-grandes profondeurs.

§ 6. Le plus souvent, l'épanchement des eaux
pluviales ou des fontes de neige n'a lieu, dans
les terrains primitifs, qu'à la surface des montagnes, leurs masses étant généralement trop
denses et trop compactes pour y permettre aucune infiltration.

§ 7. Les eaux qu'on trouve dans les terrains
primitifs varient de qualité, comme les terrains
qui les recèlent.

§ 8. Celles qui coulent à la surface sont généralement bonnes, douces et salubres.

§ 9. Celles qui s'infiltrent entre leurs superpositions paraissent participer de la nature des
différentes substances qu'elles y rencontrent ou
qu'elles traversent.

§ 10. Dans les percemens ou travaux de mines
faits dans les montagnes primitives, on trouve
quelquefois des sources d'eau pure et d'excellente qualité. Telles sont les sources que présentent les filons des Chalanches, de la Gardette,
de la Grave, et de Saint-Christophe en Oisans,
département de l'Isère; telles sont encore, suivant *Cordier*, les eaux de Vic en Carladès au
pied du Cantal, qui sortent immédiatement des
granits et sont presque pures.

§ 11. Généralement les eaux qui sourdent des
terrains granitiques sont gazeuses, sulfureuses
et salines.

§ 12. Lorsqu'elles se trouvent dans les granits
compactes ou non feuilletés, ces eaux doivent
avoir leur origine dans ces roches mêmes ou
au-dessous d'elles. .

§ 13. Ces eaux sont presque toutes thermales,
et même d'une très-haute température. Telles
sont en France les eaux thermales et gazeuses
d'Ax, département de l'Ariège; de Chaudes-
Aigues, près Saint-Flour dans le Cantal; de
Vals, près d'Aubenas, dans l'Ardèche; de Bonnes,

vallée d'Assan, Hautes-Pyrénées ; de Cauterets, Hautes-Pyrénées; de Bagnères-de-Luchon, Haute-Garonne, qui sortent des montagnes granitiques, à une température qui varie entre trente et quatre-vingt-dix degrés.

§ 14. Dans la juxta-position des terrains secondaires ou de sédiment sur les terrains primitifs, on trouve fréquemment d'abondantes infiltrations, qui, ne pouvant pénétrer dans les masses trop compactes de ces derniers, en suivent souterrainement les parties ou surfaces sous les terrains secondaires. Les exemples de ces infiltrations sont très-nombreux dans les chaînes des Alpes et des Pyrénées, comme dans toutes les hautes montagnes.

§ 15. Ces infiltrations s'établissent ainsi des parties les plus élevées des chaînes de montagnes, et s'étendent sous terre à des distances comme à des profondeurs dont il est impossible de déterminer les limites.

§ 16. Les eaux de ces gisémens sont généralement douces et de bonne qualité lorsqu'elles sont près de la surface de la terre.

§ 17. Lorsque les eaux proviennent de grandes profondeurs, elles sont presque toujours gazeuses, sulfureuses et salées.

§ 18. Les montagnes secondaires et tout leur

système de superposition laissent pénétrer les eaux à de plus grandes profondeurs que les montagnes primitives.

§ 19. Elles suivent, dans les terrains secondaires, les pentes plus ou moins inclinées des couches ou des strates de leurs différentes formations.

§ 20. Les eaux de ces terrains sont celles qui présentent le plus de variétés dans leur nature. C'est en effet dans ces terrains qu'on trouve la plupart des sources minérales et thermales, les eaux salées, les eaux gazeuses, etc.

§ 21. Ces eaux, quoique sortant des terrains secondaires, ne leur appartiennent pas toujours, et beaucoup d'entre elles viennent probablement des terrains primordiaux qui sont situés au-dessous. C'est à ces terrains qu'il faut rapporter les eaux de Cambo, dans les Basses-Pyrénées; de Vichy, de Bourbon-l'Archambaud, de Néris, département de l'Allier; de Bourbon-Lancy, département de Saône-et-Loire; de Cransac, Sansai, dans l'Aveyron; de Bagnères-de-Bigorre, Hautes-Pyrénées; d'Ussat près de Tarascon, Ariège; de Bagnols près de Mende, Lozère; de Luxeuil, près de Vesoul, Haute-Saône; et de Plombières, près de Remiremont, dans les Vosges, etc.

§ 22. On rencontre également dans ces terrains des eaux douces de bonne qualité, très-abondantes, qui sourdent de terre avec impétuosité, et qui souvent présentent cette particularité, qu'elles sortent de terre et jaillissent dans le voisinage des eaux gazeuses minérales et thermales les plus chaudes, et que souvent même elles sourdent ensemble par les mêmes issues, quoique prenant cependant et bien certainement leur origine dans des gisemens différens. Ce phénomène est très-fréquent dans les pays de sources salées, et il est quelquefois très-difficile de parvenir à séparer les sources d'eau douce de celles d'eau salée.

§ 23. Les montagnes de calcaire alpin, celles de calcaire jurassique et les sédimens qui recouvrent leur base, renferment, comme les premières, des eaux très-variées, par leur nature, leur qualité et leur température.

§ 24. On y trouve des eaux douces très-abondantes, formant souvent des courans très-forts et très-rapides, qui donnent naissance à certaines sources remarquables, telles que celles de Vaucluse, de la Laisse, de l'Orbe, etc.

§ 25. On y trouve des sources minérales et thermales gazeuses et salines, telles que celles de Campagne près de Limoux, Aude ; de Saint-

Félix-de-Bagnères, près de Condat, Lot ; d'Aix , Bouches-du-Rhône ; de Gréoux, près de Digne, Basses-Alpes ; de Balaruc, près de Montpellier ; de Bourbonne-les-Bains, Haute-Marne ; de Château-Salins, de Salins, dans la Meurthe et le Jura ; de Pougues dans la Nièvre ; de Saint-Amand, près de Valenciennes, etc., etc.

§ 26. Les sédimens supérieurs ou les formations de calcaire oolithique, de calcaire crayeux ; les dépositions argileuses et sableuses, le calcaire grossier, les marnes, le calcaire d'eau douce ou terrain lacustre, etc., etc., sont plus favorables que les précédens aux infiltrations des eaux qui proviennent des pays supérieurs. Ces terrains présentent, dans leur superposition, des eaux abondantes ; ces eaux ont une analogie constante de propriété et de composition. Les sels dominans sont le carbonate et le sulfate de chaux, le sulfate et le carbonate de fer, et quelquefois le sulfate de magnésie, lorsqu'elles sont filtrées dans des masses crayeuses ou sableuses : ces eaux sont généralement douces et de bonne qualité.

§ 27. Elles sont ferrugineuses lorsqu'elles s'étendent et s'infiltrent dans les terres pyriteuses ou les mines de fer, et dans les terres d'argiles pyriteuses, telles que celles de Passy près Paris, et de Forges dans la Seine-Inférieure, ou enfin celles de Ferrières, près de Montargis, et de Segrais, près de Pithiviers, qui sortent des formations supérieures au calcaire grossier marin.

§ 28. Le seul exemple d'eau sulfureuse, bien constaté jusqu'à ce jour dans les terrains de cette formation, est celui que présentent les eaux d'Enghien, contenant du gaz hydrogène sulfuré, du sulfate et muriate de magnésie, du sulfate et muriate de chaux, etc., etc.

§ 29. Généralement les eaux de tous ces terrains ont la température moyenne du lieu d'où elles sourdent, et sont ce qu'on appelle *froides,* par opposition avec les eaux thermales.

§ 30. Les terrains d'alluvion ou d'atterrissement offrent, comme les précédens, des eaux douces et abondantes.

§ 31. Le plus souvent leurs eaux proviennent de filtrations de pluie et de fontes de neige, qui pénètrent, s'étendent et s'écoulent entre leurs couches de marne, d'argile ou de sable, où nous allons les chercher par nos puits.

§ 32. Les terrains d'alluvion, d'atterrissement et de sable présentent quelquefois des eaux naturellement jaillissantes, qui proviennent indubitablement de pays plus élevés, et probablement de terrains secondaires ou primitifs : telles

sont les fontaines de Moïse près de Suez, dé-
crites par *Monge*, situées au sommet de monticules de sable amené par les vents et agrégé par
le sulfate de chaux que l'eau de ces fontaines
tient en dissolution ; telle est cette fontaine
d'eau douce jaillissante au-dessus des eaux dans
la Méditerranée, près de la Spezzia, décrite par
*Spallanzani* ; telle est la belle source du banc de
sable de la plage d'Alvarado, dans le golfe du
Mexique : ce banc de sable, il y a quarante ans,
avait au plus 0,66 c$^m$ de hauteur, sur un demi-
mille de largeur ; aujourd'hui, par suite d'atter-
rissemens successifs, ce banc de sable forme
une colline de plus de trente mètres de hauteur,
au sommet de laquelle les habitans d'Alvarado
et les vaisseaux qui fréquentent ce port en-
voient journellement chercher de l'eau de la
source jaillissante, qui est douce et de bonne
qualité; enfin telle est encore la belle source du
Loiret, au château de la *Source Morogues*, près
d'Orléans, qui surgit d'un entonnoir très-pro-
fond, formé de sable sur ses bords et de rocher
à son fond, et qui donne une masse d'eau de
plus de trente mètres cubes.

§ 53. Les terrains volcaniques et ceux de
trachite, qui sont aujourd'hui généralement
regardés comme sortis de dessous les granits,

par l'action des feux souterrains, offrent des sources d'eau douce provenant des infiltrations qui s'y forment ; leurs parties supérieures présentent souvent des lacs et des amas d'eau. Parmi les nombreux exemples que nous pourrions citer, il n'en est peut-être point un plus remarquable que les belles sources de la grotte de Royat, qui alimentent les fontaines de Clermont. Peu de pays offrent autant de sources que les montagnes volcaniques du Puy-de-Dôme et du Cantal.

§ 34. Les terrains de trachite et d'éjections volcaniques renferment beaucoup d'eaux minérales et thermales, qui présentent dans leur température et leur composition les mêmes circonstances que celles des terrains primitifs : ainsi ces eaux sont plus ou moins chargées d'hydrogène sulfuré, d'acide carbonique, de carbonate de soude et de chaux, de silice, etc., etc. ; telles que celles du Mont-d'Or, de Saint-Allyre, de Vic-le-Comte, de Châtel-Guyon, près de Riom, de Chap-des-Beaufort et de Chalusset, etc., etc. Ces deux dernières sont remarquables par la quantité de gaz acide carbonique qui se dégage du terrain dont elles surgissent. Quant aux eaux des Deux-Landes, qui sortent de roches trappéennes, recouvertes par des calcaires compactes, .

elles présentent cette particularité, qu'à une
température de soixante degrés, elles sont presque pures et ne contiennent qu'une très-petite
quantité de muriate de magnésie et de sulfate
de soude.

---

## PARAGRAPHE SECOND.

### *Observations sur la cause du jaillisse-ment des eaux des puits forés ou fontaines artésiennes.*

§ 35. Suivant quelques physiciens, la théorie
des eaux jaillissantes des fontaines artésiennes
a été rapportée tantôt à celle des jets d'eau, et
tantôt à celle des siphons, un puits foré n'é-
tant, dit-on, que la seconde branche d'un
grand siphon, dont la première branche est le
cours souterrain, que suivent, entre des couches imperméables, des eaux comprimées provenant de pays plus élevés que celui dans lequel
est établi le puits foré. *Voyez* Pl. I et II.

§ 36. Suivant d'autres, ce puits ne peut et
ne doit être considéré que comme un tube qui
montre la pression de l'eau sur une couche ter-

reuse ou pierreuse, à laquelle le puits foré aboutit (1).

§ 37. Ces deux opinions nous paraissent également admissibles. En effet, les travaux d'exploitation des mines et des carrières nous ont appris que, dans certaines espèces de terrains, les eaux s'épanchent souterrainement en veines, filets, ruisseaux et même quelquefois en torrens plus ou moins forts, par les fentes, fissures et perforations naturelles de l'intérieur des couches de pierres ; tandis que, dans d'autres natures de terrains, les eaux forment des nappes ou niveaux plus ou moins abondans entre des couches de sable, de terre, ou de pierre perméables et imperméables (2).

§ 38. Les grandes masses calcaires des chaînes

_____

(1) Les eaux minérales et thermales qui surgissent à la surface de la terre de l'intérieur des terrains primitifs doivent leur jaillissement, ainsi que l'a parfaitement démontré M. BERTHIER, ingénieur en chef des mines, au dégagement des gaz et des vapeurs comprimés, qui pressent et réagissent sur la surface de ces eaux.

(2) Cette disposition alternative de couches perméables et imperméables exige de la part des ouvriers perçeurs de puits les plus grandes précautions dans le percement et l'approfondissement des puits, lorsqu'ils approchent des couches imperméables qui recouvrent les eaux comprimées. En effet, ces eaux, provenant de réservoirs quelquefois

des Alpes et du Jura présentent de nombreux exemples de ces torrens ou ruisseaux souterrains, qui ont leurs sources ou leur origine dans les hautes montagnes, et qui, après un cours plus ou moins long, viennent former les admirables fontaines de Vaucluse, de la Laisse, de l'Orbe, de Sassenage, etc., etc. Nos car-

---

très-élevés et très-éloignés, surgissent, à l'instant même du percement, avec une telle impétuosité et une telle abondance, que souvent les ouvriers ont à peine le temps de se faire remonter à la surface de la terre, et que quelquefois on en a malheureusement vù périr avant d'avoir pu donner aucun signal de détresse, tant est subite et impétueuse l'irruption des eaux comprimées. Quelquefois cette irruption est accompagnée d'un dégagement d'air plus ou moins considérable, qui s'échappe même parfois avec un tel bruit et une telle impétuosité, que des ouvriers en ont été renversés, et que d'autres ont comparé l'effet de ce dégagement d'air à un violent coup qu'ils auraient reçu sur la figure ou sur les bras.

Aux environs de Paris, les puits du nouveau village de Boulainvilliers, entre Chaillot et Auteuil, ceux de Vaugirard et de Gentilly, offrent de fréquens exemples de cette irruption des eaux au moment du percement de la dernière couche de pierre. Les vallées du Rhône et de la Saône, celles de la Loire et plusieurs autres offrent le même phénomène. Il est connu dans le nord de l'Italie, et particulièrement aux environs de Modène. Suivant *Schaw*, il est très-fréquent dans les puits du district de Wadncag, au royaume d'Alger.

rières de Paris et des environs offrent de fréquens exemples de vestiges des ruisseaux ou
courans souterrains qui ont dû autrefois par-
courir la masse calcaire à différentes hauteurs,
au moyen des fentes et lézardes qui la coupent
généralement dans tous les sens.

§ 39. La manière d'être des sources qui s'é-
panchent sur les pentes des coteaux, à une
hauteur à peu près constante, dans les pays à
couches, et particulièrement dans ceux de formation alternative de sable et de glaise ou argile,
établit et caractérise cette disposition des eaux
que nous avons dit être par nappe, et dont l'o-
rigine est due ou à des épanchemens souterrains provenant de pays plus élevés, ou aux
infiltrations des eaux de neige et de pluie, arrêtées sur ces couches d'argile.

§ 40. Cette nappe d'eau a été assimilée (1) à
une couche de glace d'une forme semblable à
une couche d'argile, de sable ou de craie. Si
l'eau est considérée comme s'y trouvant entre
deux surfaces courbes, telles que deux coupes
ou bassins de diamètres différens, dont les bords
supérieurs seraient dans un plan, ou dentelés
irrégulièrement, ou en partie fermés, la liqui-

_________

(1) M. Hachette, *Considérations sur l'écoulement des
liquides*.

dité de l'eau est la cause de la pression que le tube du puits foré mesure ; mais si on supposait qu'au lieu d'une nappe d'eau liquide ce fût une couche de glace ; la pression résisterait et ne serait pas indiquée par le tube, elle serait changée en force de cohésion.

§ 41. Lorsque les eaux, quelle que soit d'ailleurs leur manière de s'épancher souterrainement en descendant des terrains supérieurs vers les inférieurs, soit en veines, filets ou torrens, soit en nappe ou niveau, viennent à rencontrer une issue quelconque dans les terres (Pl. I et II), elles s'y insinuent et s'y élèvent à une hauteur proportionnée au niveau, *point de leur départ*, ou bien à une hauteur qui balance la pression que l'eau exerce contre. les parois des canaux qui la contiennent (1).

§ 42. D'où il suit que, pour obtenir une fontaine jaillissante, ou, mieux, remontant de fond, il faut 1º. chercher, suivant la nature du terrain, à sa plus ou moins grande profondeur, à atteindre à un épanchement d'eau provenant de bassins supérieurs, et s'écoulant dans le sein de la terre entre des terrains compactes et imperméables ;

(1) Mémoire de M. Barrois, sur les puits forés ; Société des sciences de Lille, 1825.

2°. Donner à cette eau, par le percement d'un puits foré à l'aide de la sonde, la possibilité de s'élever à une hauteur proportionnée à celle du niveau dont elle provient ;

Et 3°. prévenir, par des tubes descendus dans le puits foré, l'épanchement de l'eau remontante, dans les sables ou dans les fentes et fissures du terrain traversé par ce puits ;

§ 43. Et d'où l'on voit qu'on peut obtenir des eaux jaillissantes, à l'aide de la sonde, à peu près dans tout pays présentant, dans la constitution de son sol, des nappes d'eau souterraines, entre les superpositions alternatives et continues de terrains perméables et imperméables, s'étendant jusqu'aux pays ou montagnes qui recèlent les réservoirs de ces nappes d'eaux, et dont les bases ou les pentes sont recouvertes par ces superpositions.

§ 44. Mais que cependant il serait possible qu'un puits foré, percé à une très-petite distance d'un puits foré aquifère, ne donnât pas d'eau, si ce dernier était alimenté par un courant souterrain au lieu de l'être par une nappe d'eau, ou si enfin il était percé sur l'extrémité d'un bassin à couches relevées, appuyées contre un terrain d'une autre nature.

## PARAGRAPHE TROISIÈME.

*Recherches sur les Puits forés de France,
à l'effet de prouver la possibilité d'en
établir dans d'autres terrains que dans
les terrains crayeux et marneux de
nos départemens du Nord.*

Nous avons cherché à former un état des fontaines jaillissantes ou puits forés percés en France, nous n'avons pu en recueillir jusqu'à présent que bien peu d'exemples ; nous savons cependant qu'à Paris, comme dans les départemens du Nord, il a été percé un grand nombre de puits à l'aide de la sonde ; mais on ne trouve de renseignemens à leur égard dans aucun recueil. Ainsi nous serons obligés de nous borner au petit nombre de faits que nous avons pu réunir, et qui présenteront au moins quelques données sur le degré de probabilité du jaillissement des eaux, dans les pays qui nous offrent ces exemples.

§ I. *Département de la Seine.*

Le plus ancien puits foré qui soit à notre connaissance est celui que fit faire, vers le milieu du siècle dernier, M. le président *Crozat*

*de Tugny*, dans sa maison de campagne de Cli-
chy. Nous n'avons aucun détail sur le percement. M. l'abbé *Lebœuf*, qui l'indique dans son
*Histoire de la banlieue ecclésiastique de Pa-
ris* (1), dit seulement qu'au fond d'un puisard
on fit un trou de 0$^m$,08 ( trois pouces ) de diamètre, et qu'arrivé à la profondeur de 31$^m$,85
( quatre-vingt-dix-huit pieds ) au-dessous de la
surface de la rivière, il en sortit un jet d'eau
de 1$^m$,3o ( quatre pieds ) plus haut que l'eau de
la Seine, et qui fournissait cinquante-huit mètres cubes ( deux cent seize muids ) d'eau par
jour.

En 1775, le grand puits de l'École militaire,
de quinze mètres de profondeur, ne pouvant
suffire aux besoins du service, on fit venir de
l'Artois un sondeur. Par le pied du puits il fit
un sondage de vingt mètres, qui frappa, sous
un grès noirâtre, micacé et pyriteux, un niveau si abondant, que les ouvriers eurent à
peine le temps de remonter. Depuis, l'eau s'est
constamment maintenue de huit à dix mètres
au-dessous du sol. Les travaux de ce sondage
furent dirigés par M. *Leturc*, professeur d'ar-
chitecture à l'École militaire.

---

(1) Un vol. in-12. Paris, 1754, chez *Prault*, père.

En 1780 , il fut fait , par ordre des échevins en charge , un puits foré dans le jardin du Vauxhall de la rue de Bondi ; le sondage fut poussé à travers des sables , des glaises et des grès sableux , jusqu'à quarante mètres de profondeur. Au moment du percement du dernier banc de grès , l'eau jaillit par-dessus la tête des ouvriers ; mais elle s'abaissa ensuite peu à peu , et depuis elle n'a jamais varié et se maintient à fleur de terre.

En 1802 , M. le comte *Dubois* et M. le marquis *d'Argens,* copropriétaires d'une maison rue de Rohan , firent faire par *Dufour,* sondeur artésien , sous la direction de M. *Happe,* architecte de la préfecture de police , un sondage dans un puits dont les eaux étaient infectées. Après un travail d'un mois environ , *Dufour* frappa un niveau d'eau , qui remonta dans les tubes à près d'un mètre au-dessus de la nappe d'eau du puits : cette source fournit une eau d'une excellente qualité. La dépense de l'opération ne s'est pas élevée à six cents francs. La sonde avait traversé des sables et des glaises qui alternaient ensemble.

En 1812 , M. *Bellart,* marchand fruitier, rue des Fossés-Saint-Germain-l'Auxerrois, ne pouvant plus faire usage des eaux de son puits, qui

étaient infectées par les infiltrations d'une fosse
d'aisance, y fit faire un sondage par le sieur
*Vacogne*. Après avoir traversé des sables et des
glaises, il ramena de dessous un banc de grès,
et de la profondeur de dix-huit mètres (dix
mètres au-dessous de la nappe d'eau des puits
du quartier), une eau abondante, douce et de
très-bonne qualité, qui s'élève à plus de 5ᵐ,50
au-dessus des eaux des puits.

En 1813, les eaux du puits d'une maison
située rue Saint-André-des-Arts, étant infectées
par les infiltrations des fosses voisines, M. *Peyre*,
architecte des travaux publics, fit percer au
fond de ce puits un sondage, qui fut porté à
dix mètres au-dessous de son niveau d'eau, qui
était à cinq mètres plus bas que la surface du
sol. A cette profondeur, l'eau remonta de onze
mètres, et par conséquent d'un mètre au-dessus
de celle des puits : elle s'est constamment con-
servée bonne depuis cette opération.

Le même architecte a fait, dans la maison de
M. le duc *de Bassano*, rue Saint-Lazare, un
sondage pour augmenter le volume d'eau du
puits. Il a obtenu le même succès à une profondeur de dix mètres environ.

M. *Péligot*, l'un des administrateurs des Hospices de la ville de Paris, qui a fait faire aux eaux

d'Enghien un puits foré dont nous parlerons plus bas, nous a indiqué un sondage fait par M. *Richard-Lenoir*, dans sa fabrique de la rue de Charonne, il y a vingt-cinq ans, et dont il avait obtenu un tel jet, qu'il s'était trouvé dans la nécessité de le faire boucher.

M. *Mast*, propriétaire de la brasserie de la barrière d'Italie, à la Maison-Blanche, ayant reconnu que son puits ne pouvait suffire à sa fabrication, fit faire, en 1816, un sondage au fond de ce puits, qui avait $20^m,14$ de profondeur. La sonde traversa successivement, entre les glaises et les sables, plusieurs niveaux d'eau qui jaillirent dans le puits, mais qui furent tous jugés insuffisans. Le sondage fut poussé jusqu'à $19^m,16$ : alors les eaux jaillirent avec une telle impétuosité, que les ouvriers eurent à peine le temps de se faire remonter, comme l'éprouvèrent ceux qui percèrent le puits foré de l'École militaire en 1775.

En 1822, les Sœurs de la charité de l'île St.-Louis, se plaignant de ne pouvoir se servir de l'eau du puits de leur maison, qui était infectée par les fosses voisines, obtinrent de M. le comte *de Chabrol* de faire faire un sondage au fond de leur puits. Il fut descendu à huit mètres au-dessous du niveau des eaux de la Seine, et

3

ramena de cette profondeur une source, qui s'est élevée dans le puits à six mètres au-dessous de la surface du sol.

M. *Turmeau*, architecte de l'abattoir de Grenelle, a fait faire en 1822 et 1823, au fond du puits de cet abattoir, qui ne pouvait suffire pour cet établissement, un sondage qui a été descendu dans les sables et les grès pyriteux, jusqu'à la profondeur de quarante-deux mètres, d'où l'eau s'est élevée à vingt-trois mètres au-dessus de la nappe d'eau de ce puits.

Les eaux du puits de la maison de campagne du collége de Sainte-Barbe, à Gentilly, ayant manqué en 1816, on y fit faire un sondage de dix mètres, qui traversa la masse de glaise, et ramena une source d'eau douce très-abondante, qui, les premiers jours, était troublée par les sables, mais qui s'est bientôt éclaircie.

M. *Carruyer*, propriétaire d'une blanchisserie, à Saint-Denis, a fait percer en 1818, par le sieur *Hetrel le Pecqueux*, sondeur à Paris, un puits foré de vingt-quatre mètres, les puits de son établissement, qui avaient quatre mètres de profondeur, ne pouvant suffire à ses besoins. A vingt-quatre mètres, l'eau a jailli avec abondance, en remontant au-dessus du niveau des eaux des anciens puits. On a souvent tiré jusqu'à cent muids d'eau par heure de ce puits foré, sans pouvoir jamais en faire baisser le niveau d'une manière sensible. Ce sondage, après avoir traversé les marnes du terrain d'eau douce, est entré dans des glaises, alternant avec des sables gris et verts micacés ; c'est d'une couche de sable que proviennent les eaux.

En 1818, M. *Durup de Baleine*, propriétaire d'une blanchisserie située à la glacière de Gentilly, ne pouvant se servir des eaux de la Bièvre, fit percer un puits de neuf mètres de profondeur, au fond duquel il fit donner un coup de sonde de dix mètres environ, qui fit jaillir les eaux jusqu'à la surface du sol ; elles se sont depuis constamment maintenues à $0^m,60$ environ, au-dessous de la mardelle. Les ouvriers qui travaillaient au fond de ce puits ont manqué y perdre la vie, par l'effet de l'impétuosité avec laquelle l'eau s'est élevée de dessous la dernière couche de glaise.

En 1822, M. *Péligot*, l'un des administrateurs des Hospices, que nous avons déjà cité plus haut, fit venir d'Arras un fontenier-sondeur, pour faire un puits foré aux eaux d'Enghien-les-Bains. A seize mètres, après avoir traversé les marnes de la formation d'eau douce inférieure, il frappa sur un niveau d'eau de bonne qualité, qui re-

3.

monta à quatre mètres au-dessous de la surface
de la terre. Ce sondage était d'un haut intérêt
pour le pays, qui n'avait que des eaux sulfureuses et chargées de sulfate de chaux. L'exemple donné par M. *Péligot* décida M. le baron
*Leroy*, à Colombes ; M. le baron *Dupuytren*, à
Courbevoie ; M. *Davilliers*, à Soisy ; M. *Leroux*,
à la Barre de Deuil ; M. *Audenet*, à Pierre-
Fite, etc., etc., à essayer également de percer des
puits forés, et nous ne doutons pas que ces
Messieurs n'obtiennent le même succès s'ils
persistent à poursuivre leurs sondages jusqu'à
soixante ou quatre-vingts mètres, et que, suivant la situation de leurs propriétés, ils n'obtiennent des eaux jaillissantes, avant de des-
cendre à une aussi grande profondeur.

M. l'abbé *Berlèze* a fait forer, en 1827, à
Aunay, près de Sceaux, par le sieur *Martine*,
fontenier-sondeur, dans un puits de six mètres
qui était souvent à sec. Le sondage a été descendu à onze mètres, et à cette profondeur il
a frappé, sur les glaises et argiles, un niveau
d'eau qui s'est élevé à douze mètres de hauteur, et par conséquent à un mètre au-dessus
de la nappe d'eau qui alimentait ce puits, ac-
tuellement intarissable.

En 1827, M^me la marquise *de Grollier*, n'ayant

dans ses propriétés, à Épinay près de Saint-Denis, que des eaux dures et sulfureuses, comme toutes celles des puits de Montmorency, d'Enghien et des environs, se décida, d'après le conseil de M. le général baron *Parguèz*, à faire percer un puits artésien, par le sieur *Mullot*, serrurier-mécanicien à Épinay. Un premier sondage fut entrepris sur un des points les plus élevés du parc, à $16^m,50$ au-dessus des eaux moyennes de la Seine, et à deux cents mètres environ de sa rive droite. Après avoir dépassé les terres végétales et les sables, on traversa des marnes, des tufs argilo-calcaires, et les caillasses silicéo-argilo-calcaires du terrain lacustre, et successivement des sables, des glaises et des calcaires greuus ou faux grès argilo - calcaires. Arrivée à une profondeur de $54^m,353$, la sonde a frappé sur une source qui a fait remonter l'eau jusqu'à $4^m,55$ au-dessous de la surface du sol.

Un second sondage fut alors entrepris à un mètre environ de distance du premier, et jusqu'à la même profondeur de $54^m,353$; il a donné des résultats absolument semblables. Le percement de ce second puits a été continué, et après avoir traversé des marnes ou des tufs crayeux, alternant avec des calcaires durs, jaunâtres, compactes, contenant des silex, puis des sables verts micacés, une source d'eau douce, limpide et abondante a jailli de la profondeur de 67$^m$,3o, à o$^m$,55 au-dessus de la surface du sol. Ces deux sources donnent la même quantité d'eau, que l'on peut évaluer, pour chacune d'elles, de trente-cinq à quarante mètres cubes, *ou cent vingt-cinq à cent trente muids de trois cents litres* par vingt-quatre heures.

### § II. *Seine-et-Oise.*

En 1757, M. *Hazon*, intendant général des bâtimens, fit faire, par un sondeur de Saint-Omer, à Château-Fraguier, près Villeneuve-Saint-Georges, au milieu d'un parterre élevé de six mètres au-dessus de la Seine, un puits foré de vingt mètres de profondeur, dans lequel l'eau est remontée avec impétuosité jusqu'à trois mètres au-dessous du sol.

En 1827, M. *de Maupeou* a fait faire, dans l'île de la papeterie d'Écharçon, près de Mennecy, dans la vallée d'Essone, un sondage qui a ramené, à un mètre au-dessus de la rivière, une fontaine jaillissante, de cinquante-quatre mètres de profondeur dans la craie. Un second puits foré, percé en 1828 dans cette même île, a frappé, à quatorze mètres de profondeur, un niveau d'eau très-abondant, qui a remonté à trois mètres au-dessous de la surface du sol. Ces deux sondages peuvent donner, chacun, plus de quarante muids d'eau par heure.

### § III. *Seine-et-Marne.*

En 1787, le sieur *Dufour*, surnommé l'*Artésien*, fit à la papeterie de Courtalin, près Farmoutiers, sur la rive droite du Morin, un puits foré de quarante-trois mètres de profondeur, dans la craie, qui procura le remontage d'un niveau d'eau très-abondant, jusqu'à $1^m,50$ au-dessous de la surface du sol.

### § IV. *Oise.*

En 1822, M. *de Nully d'Hécourt*, maire de Beauvais, considérant que les prisons de cette ville n'avaient d'autres eaux que celles d'un puits infecté, fit faire, par le sieur *Beurrier*, sondeur-fontenier, à Abbeville, auquel la Société d'Encouragement a décerné une médaille d'or, un sondage par le pied de ce puits; il fut descendu à $22^m,75$, et à cette profondeur il ramena de la craie un niveau d'eau abondant, qui s'est élevé à $6^m,75$ au-dessous de la surface du sol, avec un jet d'eau de quinze à vingt centimètres de hauteur, dans le bassin. On estime que ce puits fournit de dix-huit à vingt muids d'eau à l'heure.

Un semblable sondage a été fait dans la cour de la prison de la Cour d'assises, et a donné le même résultat.

### § V. *Somme*.

M. *Baillet*, inspecteur divisionnaire des mines, a fait connaître à la Société d'Encouragement les succès obtenus par MM. *Beurrier*, père et fils, à Abbeville et dans les environs de cette ville, où M. *Traullé*, procureur du Roi et correspondant de l'Institut, avait donné le premier exemple, en faisant percer, dans son jardin, une fontaine jaillissante, par des sondeurs de Saint-Omer.

Parmi les nombreuses fontaines obtenues par MM. *Beurrier*, celle de Noyelle-sur-Mer, percée à la profondeur de dix-sept mètres, a produit une source abondante. Reçue dans un bassin servant d'abreuvoir aux bestiaux, elle se tient ordinairement, à marée basse, à deux mètres au-dessous de la surface du sol; mais à marée haute, elle s'élève presque jusqu'au bord du terrain, et un clapet placé sur l'orifice des buses empêche l'eau de retourner vers sa source, et la conserve dans le bassin, quand la mer vient à baisser dans la baie de la Somme.

Les fontaines forées d'Abbeville, comme plusieurs de celles d'Angleterre et des États-Unis, sont soumises à la même influence des marées; elles ont un flux et un reflux aux époques où la mer hausse et baisse dans la rivière de Somme. Différens faits de cette nature ont été observés sur les côtes de Montreuil, de Dieppe et du département du Calvados.

### § VI. *Eure.*

Aux Andelys, département de l'Eure, MM. *Beurrier*, père et fils, ont percé une fontaine dont les eaux se sont élevées au niveau de celles de la Seine.

### § VII. *Pas-de-Calais.*

M. *de Bellonet*, officier du génie, chargé d'établir une fontaine artésienne dans la citadelle de Calais, à l'instar de celle du château de Douvres, a fait donner un coup de sonde, qui a été descendu jusqu'à la profondeur de $110^m50$. Les premiers niveaux traversés n'avaient donné que des eaux saumâtres; mais les eaux obtenues de cette profondeur de cent dix mètres cinquante centimètres étaient douces; toutefois, elles ont contracté un léger degré de salure, dû à quelques infiltrations à travers des assemblages de buse probablement mal joints: il y a lieu d'espérer qu'on remédierait à cet inconvénient, en approfondissant davantage le puits foré, ou en substituant des buses mieux assemblées.

D'après M. *Garnier*, il existe un grand nombre de fontaines jaillissantes, obtenues par des puits forés dans la craie, dans les communes d'Ardres, de Choques, Annezin, Aire, Merville, Blingelle, Béthune. Leurs eaux proviennent de la masse de craie recouverte de sable, de cailloux roulés et d'argile.

Un exemple de puits forés des plus remarquables est celui que présente le village de Gonnehem, près de Béthune, où un propriétaire a fait percer, dans une prairie, quatre fontaines de quarante-cinq mètres de profondeur, qui produisent, chacune, un jet d'eau limpide. Il a réuni leurs jets d'eau, qui servent à faire tourner une roue de moulin de trois mètres de diamètre. Ce moulin fait deux cents kilogrammes de farine par vingt-quatre heures. Les eaux des puits forés sont à 3$^m$,57 au-dessus du niveau de celles de la surface.

Dans la vallée de Ternoise, à Blingel, de trois sondages entrepris en 1820, très-près les uns des autres, un d'eux, percé à la profondeur de trente-six mètres environ, a donné une fontaine jaillissante, tandis que les deux autres n'ont point donné d'eau.

Les fontaines de Lillers, Nedonchelle, Saint-Pol, Saint-Venant, ont présenté les mêmes irrégularités dans leur percement. Ainsi, deux propriétaires voisins ayant percé à la même profondeur, l'un a obtenu des eaux remontantes de fond, tandis que l'autre n'a pu en obtenir.

Il y a plus d'un siècle que *Bélidor*, dans le livre de la *Science des ingénieurs*, a décrit le puits foré du monastère de Saint-André, dont l'eau s'élevait à quatre mètres au-dessus du rez-de-chaussée, fournissant plus de cent tonnes d'eau par heure.

### § VIII. *Nord.*

En 1826 et 1827, M. *Hallette*, ingénieur-mécanicien, à Arras, fut appelé par divers négocians filateurs et teinturiers de Roubaix, pour percer des puits forés dans cette ville, qui manquait totalement d'eau. De précédens sondages avaient fait connaître qu'à la profondeur de cinquante mètres il existait des eaux abondantes dans des sables très-fins, qu'elles entraînaient avec elles en remontant au jour, de manière à obstruer promptement les buses. Ces sables avaient fait abandonner successivement tous les sondages.

Après diverses tentatives, M. *Hallette* est par-

venu à surmonter cette difficulté, au moyen
d'un béton de chaux hydraulique, de cendres
de houille et de tessons de briques. Ses opérations ont produit un succès complet, et d'après
le certificat des propriétaires et manufacturiers
de Roubaix, il résulte qu'un de ses puits, établi dans l'usine de MM. *Mimerel* et *Bulteau*,
fournit constamment deux hectolitres par mi-
nute, cent vingt par heure, ou deux cent quatre-
vingt-huit mètres cubes par jour, et ainsi le
double de la quantité d'eau qu'exige une machine à vapeur de la force de vingt chevaux.

Dans l'enclos de l'ancienne abbaye de Mar-
chiennes, il fut percé un sondage de cinquante
mètres, qui a frappé sur un niveau dont les
eaux ont jailli au-dessus de la surface du sol.

Le sondage du Tilloy, près de la même ville,
avait produit une fontaine jaillissante de trente
mètres de profondeur, qui s'est perdue par
l'effet de l'ensablement. Les environs de Mar-
chiennes présentent généralement les plus grandes probabilités pour le jaillissement des eaux
centrales; mais on ne saurait prendre trop de
précautions contre les sables, que ces eaux ra-
mènent communément, et qui tendent à obstruer les buses ou tuyaux.

Sur la fin du siècle dernier, la Compagnie

concessionnaire des mines d'Aniches, faisant chercher la houille sur le territoire de Rieulay, dans la vallée de la Scarpe, firent donner un coup de sonde qui amena un jet d'eau de la grosseur du bras, à environ un mètre de la superficie du sol. L'eau en est tellement abondante, qu'elle a depuis été employée à alimenter un moulin construit à peu de distance.

La Compagnie d'Aniches, par suite du jaillissement de cette source, est obligée de contribuer aux frais généraux du desséchement de la vallée de la Scarpe.

A l'ancienne abbaye de Marquette, située à l'embouchure de la Marque, dans la Deule ( à environ quatre kilomètres de Lille ), il a été percé deux puits forés, dans les derniers temps de l'existence de cette abbaye. Les eaux de ces puits suffisent aux besoins d'un établissement de blanchissage de toiles, qui s'y est formé depuis.

Le département du Nord est renommé pour la production des lins destinés à la fabrication des toilettes, batistes, linons, etc. : ces lins sont rouis avec des précautions particulières. La commune de Sommaing, entre Douay et Valenciennes, possède à elle seule dix à douze rouissoirs, alimentés chacun par une fontaine forée, pratiquée à la tête du fossé par les procédés artésiens.

Les trois fontaines forées de Saint-Amand ont été obtenues par un sondage de quarante-cinq mètres de profondeur, les eaux s'élèvent à près d'un mètre au-dessus de terre; elles n'ont jamais présenté aucune variation dans leur volume (1).

---

(1) Quelque étrangers que paraissent au premier abord les détails qui suivent, comme ils sont relatifs au jaillissement des sources minéro-thermales de Saint-Amand, nous croyons devoir en faire mention, à raison de l'intérêt et des faits extraordinaires qu'ils présentent : nous les puisons dans une Notice historique de M. *Bottin*, insérée dans le premier volume des *Mémoires de la Société royale des Antiquaires de France*.

En 1648, des travaux furent faits au *Bouillon* des eaux de Saint-Amand pour concentrer la source minérale dans un puits de maçonnerie construit sur un rouet que l'on descendait à mesure de la construction, au moyen d'une forte poutre passée sous le rouet et fixée à quatre câbles. Lorsque le rouet fut descendu au fond du *Bouillon*, il rencontra malheureusement un côté moins solide que l'autre et le renversa, de manière que la maçonnerie forma au-dessus de la source une espèce de voûte qui en dérangea le cours. En 1697, les travaux furent repris par ordre de Louis XIV, sous la direction du maréchal *de Vauban*, par M. de *Mesgrigny*, qui fit faire une enceinte de maçonnerie pour écarter de la source du *Bouillon* les eaux étrangères, qu'on

## § IX. *Ardennes.*

A Prix, près de Mézières, un sondage a été
entrepris pour la recherche de la houille en

---

évaluait au cinquième de son volume. A mesure que les
travaux de maçonnerie changeaient la direction des courans d'eau, la pression qu'ils occasionaient augmentait
le dégagement du gaz hydrogène sulfuré, qui, par l'effet
de sa concentration, finit par causer un jaillissement impé-
tueux de boue, de sable et de toutes les entraves qui s'oppo-
saient à ce dégagement, d'autant plus extraordinaire
qu'un mouvement de bascule causé par la poutre descendue
avec le rouet en 1648 ayant eu lieu, on ne sait par quelle
cause, on vit sortir du fond du gouffre une quantité considérable de pièces de bois et de statues de bois, la plupart
défigurées par leur long séjour dans l'eau. Parmi les auteurs
contemporains qui ont fait mention de cet événement,
*Brassart, Brisseau et Migniot*, célèbres médecins du temps,
en parlent comme témoins oculaires, et ajoutent que l'on
tira de la fontaine du *Bouillon* plus de deux cents statues,
qui y étaient rangées par lits entre des planches, et que
dans les boues et les sables rejetés par les eaux en si grande
quantité, qu'ils formaient un glacis, on trouva une grande
quantité de médailles de *Jules César*, d'*Auguste*, de *Ves-*
*pasien*, de *Trajan*, de *Nerva*, etc., etc., et qu'on reconnut,
par suite des travaux, les vestiges d'un *Laconicum* ou Bain
de vapeur, avec deux chaussées qui s'étendaient de la
fontaine du *Bouillon* au bois qui l'environne. M. *Bottin*,
d'après les recherches auxquelles il s'est livré, pense que
ces statues étaient des idoles déposées et cachées dans la

1825. Il a traversé d'abord des couches alternatives de calcaire argileux, et de marne mêlée

---

source minérale même, pour les soustraire au zèle de saint
*Amand*, évêque de Tongres, lors de l'établissement du
christianisme; cette source ayant été très-fréquentée par les
Romains pendant leur longue domination dans les Gaules
et la résidence de plusieurs empereurs dans les villes voisines, ainsi que le prouvent les nombreuses antiquités qu'on
trouve journellement dans le pays. La source du *Bouillon*
et celle du *Pavillon ruiné*, qui est à peu de distance,
étaient anciennement sujettes à de fréquentes explosions
de sable, de boue et de gaz par l'effet de l'abondant dégagement de ce dernier, qui ne pouvait s'effectuer que par ces
deux issues. On ne remarque plus aujourd'hui de ces tour-
mentes et de ces explosions; mais aussi les localités ne
présentent plus le même état. En effet, à l'époque de
l'événement de 1698, dit M. *Bottin*, la contrée qui environne Saint—Amand n'était pas encore criblée de ces nombreuses salles d'extraction de charbon de terre, qui y ont
depuis été ouvertes et qui traversent dans leur approfondissement les différens niveaux du pays, et la grande nappe
d'eau qui alimente la fontaine de Saint—Amand : alors le
coup de sonde de Rieulay, percé dans le haut de la vallée,
où il n'y avait pas le plus petit filet d'eau, n'avait pas fait
jaillir cette belle source dont les eaux abondantes font
mouvoir, à leur sortie de terre, une usine à farine; alors
n'était pas ouverte la fameuse fosse du Temple de la mine
d'Anzin, qui, éloignée de dix kilomètres de Saint—Amand,
traverse une grande nappe d'eau sulfureuse de même nature
et qui exige pour son épuisement deux machines à vapeur

de sable , jusqu'à quarante mètres, qui ont exigé
l'enfoncement de trente mètres de tubes ou
buses de tôle, soudées en cuivre dans leur lon-
gueur, et réunies bout à bout par des soudures
à l'étain. Après avoir traversé des calcaires à
gryphites, la sonde, à la profondeur de cent
quarante-trois mètres ( le 13 janvier 1827 ), s'est
enfoncée brusquement de seize centimètres dans
une couche de gravier, sans que l'on remarquât
aucun changement dans les eaux qui remplis-
saient le trou. Le lendemain, après le curage,
l'eau a jailli de 0$^m$,50 au-dessus du sol, c'est-à-
dire de quatre mètres environ au-dessus de la
Meuse : cette eau est salée et contient deux
un quart de sel pour cent d'eau.

### § X. *Moselle.*

M. *Gargan* , ingénieur des Mines, a établi à
Creutzwald, département de la Moselle, un sondage pour reconnaître le terrain houiller de la

---

du plus grand diamètre ; alors enfin la ville de Saint—
Amand n'avait pas fait percer les trois fontaines jaillissantes
qui, depuis trente ans, distribuent sur ses places publiques
une eau dont la température et la qualité gazeuse annon-
cent avoir la même origine que celle du *Bouillon* et du
*Pavillon ruiné.*

4

Sarre, distante d'un myriamètre. Le sondage a traversé quatre-vingt-treize mètres de grès rougeâtre très ébouleux, dans lequel on a enfoncé cinquante mètres de tuyaux de tôle parfaitement soudés, pour soutenir les parois du trou de sonde. A soixante mètres de profondeur, et sans qu'on eût remarqué aucun changement dans la nature du terrain, le trou de sonde a donné naissance à une source jaillissante, qui a produit onze mètres cubes par heure.

## § XI. *Aisne.*

Sur la proposition de M. le baron *de Galbois*, M. *Dupuis* vient de faire percer, à Saint-Quentin, deux puits forés, de vingt-sept à vingt-huit mètres de profondeur. Après les terrains d'alluvion, on a percé quatorze mètres de tourbe, et, à dix mètres au-dessous, dans la masse de craie, on a frappé un niveau dont l'eau a jailli à 0,33 centimètres au-dessus de la terre : ces deux puits, percés par des fonteniers de l'Artois, ont coûté neuf cents francs environ.

Le succès de ces deux premiers puits a déterminé le percement de quatre autres puits semblables, qui ont également réussi, et qui offrent à la ville de Saint-Quentin le double avantage de lui fournir de l'eau d'excellente qualité dont elle manquait, et une nouvelle source de prospérité que son industrie saura mettre à profit.

Nous regrettons de ne pouvoir également faire connaître d'autres fontaines jaillissantes obtenues dans les départemens de Seine-et-Oise, de Seine-et-Marne, de la Seine-Inférieure, du Loiret, de la Nièvre, du Jura, des Deux-Sèvres, etc., etc., où nous savons que de nombreuses tentatives ont été faites par les soins des Préfets et de diverses compagnies, et dont plusieurs ont été couronnées d'un plein succès.

---

*Nous croyons faire plaisir à nos lecteurs, en terminant nos Recherches sur les puits forés, par une Lettre inédite de M. de Buffon. Sa publication nous paraît même d'autant plus importante, qu'elle fait voir l'opinion de ce célèbre naturaliste sur les probabilités du succès des puits forés artésiens, dans telle ou telle espèce de terrain.*

4.

Au château de Montbar, le 29 septembre 1754.

*A* Monsieur FEUILLET, *maire et subdélégué a*
*la Fère en Picardie.*

« Vous me faites, monsieur, beaucoup d'hon-
» neur de me consulter au sujet de votre entre-
» prise, et je suis trop flatté des politesses dont
» votre lettre est remplie ; mais vous me sup-
» posez peut-être plus de lumières que je n'en ai
» sur cet objet, et je ne crois pas même que
» je puisse vous rien dire que vous n'ayez pensé
» vous-même.

» Je connais comme vous, monsieur, la ma-
» chine dont vous vous servez ( la sonde du
» fontenier artésien ) et les effets qu'on peut en
» attendre, je viens même tout nouvellement
» d'acheter celle qui était à Drancy près le
» Bourget, pour l'envoyer à messieurs les élèves
» de Bourgogne, qui veulent s'en servir pour
» trouver du charbon de terre.

» L'entreprise de madame *de Lailly*, à qui
» cette machine appartenait, n'a pas réussi :
» elle a trouvé des sables mouvans et des ro—
» chers presque impénétrables ; elle a été forcée
» d'abandonner son entreprise après avoir eu
» de l'eau d'abord à sept pieds. Comme il s'en

» fallait cinq pieds que cette eau ne montât au
» niveau de la surface du terrain, elle a voulu
» forer plus  profondément et jusqu'à  deux
» cent cinquante pieds; ce qui n'a servi qu'à
» faire perdre la première eau sans en trouver
» d'autre (1). *Le succès de ces opérations est*
» *donc souvent incertain, et dépend beaucoup*
» *du hasard : il n'y a pas de veines d'eau par-*
» *tout, et plus on descend,* et plus *la probabi-*
» *lité s'en trouve diminuée* (2).

» Cependant puisque vous me demandez
» mon avis, je vous dirai, monsieur, que je ne
» voudrais pas que vous abandonnassiez votre
» entreprise, et que vous ne devez pas encore
» perdre toute espérance. Je connais la matière
» de la couche que vous forez, on m'en a en-

---

(1) Il est à regretter que M. *de Buffon* ne se soit pas
expliqué sur la nature du terrain traversé dans ce sondage ;
car il est difficile de concevoir comment on n'y a trouvé
qu'un seul niveau d'eau, qui s'est ensuite perdu.

(2) M. *de Buffon* a raison quand il dit qu'il n'y a pas
de veines d'eau partout; mais nous ne pouvons partager
son avis quand il dit que *plus on descend et plus la pro-*
*babilité du succès se trouve diminuée,* lorsque plus bas il
engage M. *Feuillet* à ne point abandonner son entreprise,
et à continuer le sondage jusqu'à ce qu'il ait entièrement
percé ce lit de marne qu'il dit d'une *énorme épaisseur.*

» voyé plusieurs échantillons : c'est une vraie
» *marne*, c'est-à-dire une poussière de pierre à
» chaux, et cette marne est mêlée de débris
» de plantes dans lesquelles celle qu'on appelle
» vulgairement la *queue-de-renard* est la plus
» abondante. Cette couche de matière ne con-
» tient point de coquilles de mer, et quoiqu'elle
» soit très-anciennement déposée dans le lieu
» où vous la trouvez, elle est cependant beau-
» coup moins ancienne que le centre ordinaire
» du globe, qui contient des coquilles et qui
» toutes sont fondées sur la glaise ou sur le
» sable (1).

» Je pense donc qu'au-dessous de *cette énorme*
» *épaisseur* de marne vous devez trouver de la
» glaise ou du sable : j'entends par *glaise* la
» matière dont on fait les tuiles et la brique.
» Je vous conseille donc, monsieur, de ne point
» abandonner votre entreprise, jusqu'à ce que
» vous ayez percé en entier ce lit de marne.
» Vous n'aurez point d'eau tant qu'il durera;
» mais si la glaise est dessous, vous aurez de

______

(1) Il est difficile de savoir quelle est cette marne à nombreuses empreintes de *queue-de-renard* dont nous parle
*Buffon*; il dit bien qu'elle ne contient point de coquilles
de mer, mais ces empreintes ne nous paraissent pas suffi-
santes pour la caractériser.

» l'eau dès que vous y serez arrivé ; et si mal-
» heureusement vous ne trouvez que du sable,
» vous abandonnerez, car il n'y aurait plus alors
» aucune espérance. Si la matière de la couche
» vient à changer, envoyez-m'en des échan-
» tillons, et je vous en dirai ultérieurement
» mon avis. Au reste, je ne crois pas que vous
» soyez encore long-temps sans trouver la fin
» de cet amas prodigieux de marne, et vous êtes
» en droit d'espérer de l'eau tant qu'il ne sera
» pas percé en entier.

   » Je ne vous dirai rien, monsieur, c'est louer
» votre zèle que de l'encourager.

   » J'ai l'honneur d'être, avec tous les sentimens
» qui vous sont dus, monsieur,

      » Votre très-humble et très-obéissant
      » serviteur,

        » *Signé* BUFFON. »

L'original de cette lettre est entre les mains
de M. *Duriveau*, ancien officier du Corps royal
du Génie, domicilié à la Fère ; la copie en a
été envoyée par M. *Duriveau* à M. *Hachette*,
membre de la Société royale et centrale d'Agriculture.

## EXPLICATION DES PLANCHES.

---

Quelle que soit l'origine de l'eau produite par un puits foré , soit qu'elle provienne d'une nappe d'eau souterraine ( 37 ), soit qu'elle résulte d'un effluve ou courant souterrain (38), on peut en chercher l'explication dans la théorie des jets d'eau ou dans celle des siphons.

En effet, les sources jaillissantes naturelles ayant lieu toutes les fois qu'il existe un bassin supérieur d'où l'eau peut s'écouler par des conduits naturels, on voit, 1°. que le puits foré à l'aide de la sonde n'est réellement qu'une issue artificielle, ne différant de ces conduits naturels que par la régularité de ses parois et de sa direction, qui doivent faciliter le jaillissement ;

2°. Que le succès d'un forage sera d'autant plus assuré qu'on l'aura pratiqué dans un pays composé de couches imperméables, séparées par des lits de sable ou de gravier, à travers lesquels s'infiltrent les épanchemens des amas d'eau souterrains ou des bassins supérieurs ;

Et 3°. qu'il y aura moins de chances de succès dans les terrains compactes et entièrement imperméables, qui n'offrent que des effluves ou courans souterrains qui s'échappent par des crevasses, des fentes ou des perforations irrégulières des couches ou des bancs de pierre, et laissent par conséquent de l'incertitude sur la place que l'on doit choisir pour le forage.

*Planche I.*

Cette planche représente la coupe géologique d'un pays dans lequel le terrain primitif est recouvert, d'une part, de terrains de transition ou intermédiaires, en partie compactes et en partie cristallisés, disposés en couches inclinées, avec des fentes, retraites ou crevasses qui traversent ces couches en différens sens, et, d'autre part, de terrains de sédiment secondaires, de terrains de transport et d'alluvion en couches horizontales, qui s'appuient contre les formations intermédiaires et de transition et les recouvrent en profondeur.

Les parties supérieures de ce pays présentent, à différentes hauteurs, des bassins, des lacs ou rivières, A, B, C, placés, soit sur la ligne de juxta-position des terrains de transport ou d'alluvion et ceux de transition, soit sur ces derniers.

Lorsque les eaux de ces bassins, lacs ou rivières trouvent au-dessous de leur lit des fentes, crevasses ou puisards, elles se perdent ou s'infiltrent par ces issues et s'épanchent souterrainement, en formant les nappes $aa$, $a' a' b$, $b$, $b' b'$, à travers les sables ou graviers, sur les argiles ou terrains imperméables, ou bien en formant des courans irréguliers, comme le présente la ligne de superposition $cc$ du terrain de transport sur ceux de sédiment.

Les puits forés A', A'' et A''', descendus jusqu'à la nappe d'eau $aa$, alimentée par l'épanchement du bassin A, donneront, dans le puits A', des eaux remontantes qui arriveront à la surface de la terre ; tandis que, dans le puits A'', elles jaillissent au-dessus, et que, dans le puits A''', elles lui restent inférieures en se mettant, dans chacun de ces puits, à une hauteur proportionnée à celle du niveau du bassin A.

Quant au puits A'''', qui est deux fois plus profond que les précédens, malgré sa plus grande profondeur et les deux nappes d'eau qu'il a traversées ( $a\,a$ et $a'\,a'$ ), ses eaux ne remontent pas plus haut que celles des puits A', A'', A''', parce que ces deux nappes d'eau sont , l'une et l'autre , alimentées par les eaux du bassin A.

De même , dans le puits foré B', approfondi jusqu'à la nappe d'eau $b\,b$ , on obtiendra un jet remontant au—dessus de la surface de la terre , à une hauteur proportionnée à celle du bassin B, et le puits foré B'', quoique d'un tiers plus profond que le précédent , et atteignant les deux nappes d'eau $b\,b$ et $b'\,b'$ , donnera un jet qui ne s'élèvera qu'à la même hauteur, puisque ces deux nappes d'eau proviennent du même bassin B.

Enfin les puits C', C'', C''', alimentés par les eaux de l'effluve irrégulier $c\,c$, qui prennent leur origine dans le bassin C, font voir, 1º. que le puits C'', s'il n'était percé qu'à la profondeur du puits C', ne donnerait pas d'eau , parce que l'effluve suit les mouvemens irréguliers de la surface des terrains inférieurs, et qu'il faudrait continuer son forage pour atteindre plus bas l'eau en C'';

Et 2º. que le puits C''', descendu plus bas encore , ne donnerait pas d'eau de cette profondeur, à cause du relèvement du terrain intermédiaire ou de transition , qui interrompt dans cette partie l'écoulement de l'effluve $c\,c$, ou que si ce puits donnait des eaux jaillissantes, ce ne seraient que celles des nappes $b\,b$ et $b'\,b'$ qu'il aurait traversées, et qu'ainsi , malgré la grande profondeur de ce puits, le jaillissement de l'eau ne pourrait jamais s'élever au—dessus de celui des deux puits B' et B''.

*Planche II.*

Cette planche représente , comme la précédente , la coupe d'un pays composé de terrain intermédiaire ou de transition, sur un noyau de terrain primordial , mais avec cette différence que les couches des roches intermédiaires sont relevées et adossées contre le terrain primitif, qu'en s'enfonçant en profondeur elles deviennent horizontales , et sont ensuite recouvertes de formations tertiaires ou de transport et d'alluvion en couches horizontales.

On voit dans le pays supérieur trois bassins A, B, C, et à la jonction des terrains de transition et de transport, un quatrième bassin D ; enfin, les quatre bassins ont des épanchemens souterrains A A , B B , C C, D D, entre des couches imperméables.

Le puits foré D'. percé dans les terrains de transport , n'atteignant que la nappe d'eau D D, ne peut donner d'eau remontante au-dessus de la surface de lá terre , le bassin D, dont cette nappe provient, étant dans un pays d'un niveau inférieur à celui où ce puits est percé.

Mais les puits C' B' et A' donneront des eaux jaillissantes à une hauteur proportionnée à celle des bassins C, B, A, dont elles tirent leur origine.

*Observations.*

Ces deux planches ne présentent que l'application de toutes les figures des jets d'eau et des siphons de nos *Traités d'hydrodynamique et d'hydraulique* au gïsement et au jaillissement des eaux des puits forés. Elles sont conformes aux idées émises par le savant Spallanzani dans ses *Lettres à Vallisnieri sur l'origine des fontaines*.

L'explication que nous donnons du jaillissement des eaux des puits forés est d'accord avec celle que publia en 1691 Bernardini Ramazzini, dans sa *Description des fontaines jaillissantes de Modène,* , ouvrage aujourd'hui très-rare et d'autant plus remarquable que l'auteur, en expliquant la théorie de ces fontaines qui étaient alors considérées comme des merveilles, prouve qu'il était aussi bon physicien que géologue et qu'il possédait des connaissances supérieures pour le temps où il écrivait.

# Fontaines jaillissantes des puits forés.

# Fontaines jaillissantes des puits forés.

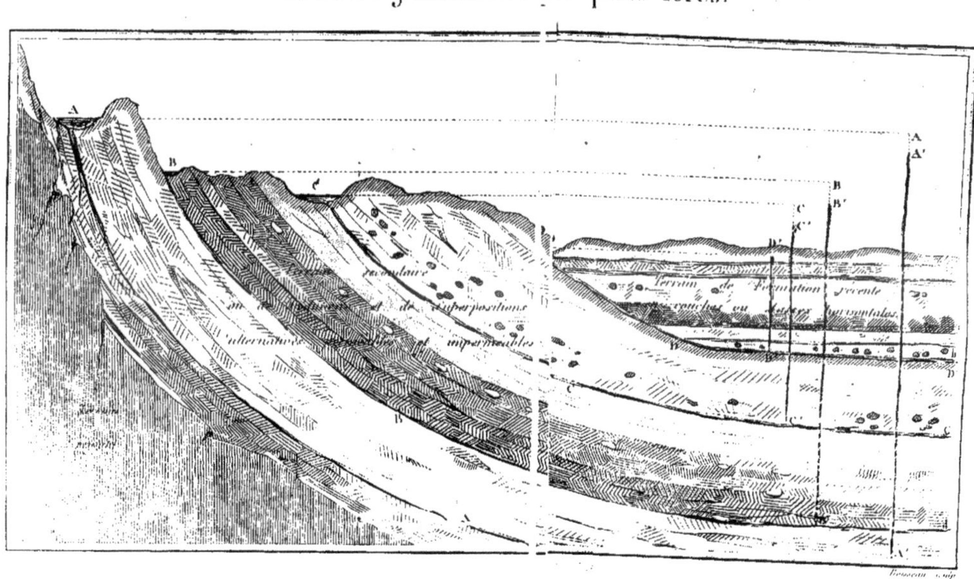

## Ouvrages à consulter pour la construction des puits artésiens.

1°. *Mémoires de l'Académie des Sciences de Paris*, année 1666 ;

2°. *De fontium mutinensium admiranda scaturigine Tractatus physico-hydrostaticus*, Bernardini Ramazzini, *Mutinæ*, 1691 ;

3°. Bélidor, *Science des ingénieurs* ;

4°. *Journal des Mines de France* ;

5°. *Transactions philosophiques de Londres* ;

6°. *Mémoires de la Société royale et centrale d'Agriculture de France* ;

7°. Delius, *Traité de l'exploitation des mines* ;

8°. Monnet, *Art de l'exploitation des mines* ;

9°. *Lettres de* Spallanzani *à* Vallisnieri, *sur l'origine des fontaines*. Pavie.

10°. Anderson, *Essais sur l'Agriculture* ;

11°. *Instruction sur l'Économie rurale*, par la Société d'Agriculture des Deux-Sèvres ;

12°. Héron de Villefosse, *De la Richesse minérale* ;

13°. *Magasin philosophique*, de Tilloch ;

14°. *Dictionnaire technologique et raisonné des découvertes, inventions, perfectionnemens*, de 1789 à 1820 ;

15°. Héricart de Thury , *Description de la sonde de l'Inspection générale des carrières de Paris; et Rapports divers à la Société royale d'Agriculture et à la Société d'Encouragement;*

16°. Garnier, *L'Art du fontenier - sondeur,* couronné par la Société d'Encouragement.;

17°. *Bulletin de la Société d'Encouragement pour l'industrie nationale ;*

18°. *Recueil industriel, manufacturier, agricole et commercial,* de Mauléon ;

19°. *Essai sur l'art de percer la terre pour obtenir de l'eau qui s'écoule spontanément.* New-Brunswick, 1826, imprimerie de *Terhun* et *Leston* (1);

20°. *Rapports de M.* Baillet, *inspecteur divisionnaire des Mines, sur les sondages et les puits forés, par MM.* Beurrier, *père et fils* ;

21°. *Bulletin de la Société d'Agriculture du Cher ;*

22°. *Travaux de la Société des Sciences et Agriculture de Lille,* 1826.

23°. *Observations de M.* Coget, *de la Société*

--------

(1) *An Essay on the art of Boring the earth for the obtainment of a spontaneous flow of water, with hints towards forming a new theory for the rise of waters New-Brunswick. —* 1826.

des Sciences et *Arts de l'Eure*, sur les puits artésiens.

24°. *Rapport de M.* Hérault, *à la Société
royale de Caen, sur l'art du fontenier-sondeur,
de M.* Garnier.

La Société *royale et centrale d'Agriculture
croit devoir indiquer pour le percement des puits
artésiens, ou pour les renseignemens à prendre à
leur égard :*

1°. L'Inspection générale des carrières de
Paris ;

2°. MM. les ingénieurs des Mines et des
Ponts et Chaussées dans les départemens ;

3°. MM. *Flachat* frères, mécaniciens-son-
deurs, rue Thiroux, n°. 8 ;

4°. M. *Antiq*, mécanicien, rue d'Enfer,
n°. 101, près de la barrière ;

5°. M. *Rosa Dufour*, mécanicien, rue du
Bouloy, hôtel du Rhône ;

6°. M. *Vacogne*, sondeur-fontenier, rue de
l'Arcade, n°. 34, faubourg Saint-Honoré ;

7°. M. *Hetrel*, successeur de M. *Pequeux*,
fontenier-sondeur, rue de la Pépinière, près
de la caserne ;

( 64 )

8°. M. *Vaudet*, serrurier - mécanicien, rue du Parc-Royal ;

9°. M. *Perrot*, serrurier-taillandier, rue de Saintonge, n°. 19, au Marais ;

10°. M. *Mullot*, fontenier-sondeur et mécanicien, couronné par la Société d'Agriculture, à Epinay, près de Saint-Denis ;

11°. M. *Martine*, fontenier-fondeur, rue de l'Éperon, n°. 4 ;

12°. MM. *Beurrier*, père et fils, à Abbeville, couronnés par la Société d'Encouragement ;

13°. M. *Hallette*, ingénieur-mécanicien à Arras, qui a obtenu le grand prix de la Société d'Encouragement, et auquel la ville de Roubaix doit ses fontaines jaillissantes, qu'avant lui on jugeait impraticables ;

14°. M. *Chartier*, fontenier-sondeur, à Phalempin, arrondissement de Lille ( Nord ) ;

15°. M. *Chartier*, fontenier-sondeur, à Gondecourt, arrondissement de Lille ( Nord ).

Adopté en séance, le 2 avril 1828.

*Signe* le Vicomte Héricart de Thury, *Président;*

Le Baron de Silvestre, *Secrétaire perpétuel.*

## TABLE DES MATIÈRES.

www.ingramcontent.com/pod-product-compliance
Ingram Content Group UK Ltd.
Pitfield, Milton Keynes, MK11 3LW, UK
UKHW022308120726
13694UKWH00003B/1312